Tucholsky Wagner Zola Scott Sydow Schlegel
Turgenev Wallace Fonatne Freud
Twain Walther von der Vogelweide Fouqué Friedrich II. von Preußen
Weber Freiligrath Frey
Fechner Fichte Weiße Rose von Fallersleben Kant Ernst Richthofen Frommel
Engels Fielding Hölderlin
Fehrs Faber Flaubert Eichendorff Tacitus Dumas
Feuerbach Maximilian I. von Habsburg Fock Eliasberg Zweig Ebner Eschenbach
Ewald Eliot Vergil
Goethe London
Mendelssohn Balzac Shakespeare Elisabeth von Österreich
Lichtenberg Rathenau Dostojewski Ganghofer
Trackl Stevenson Hambruch Doyle Gjellerup
Mommsen Tolstoi Lenz
Thoma Hanrieder Droste-Hülshoff
Dach von Arnim Verne Hägele Hauff Humboldt
Karrillon Reuter Rousseau Hagen Hauptmann
Garschin Gautier
Damaschke Defoe Hebbel Baudelaire
Descartes
Wolfram von Eschenbach Schopenhauer Hegel Kussmaul Herder
Darwin Dickens
Bronner Melville Grimm Jerome Rilke George
Campe Horváth Aristoteles Bebel Proust
Bismarck Vigny Gengenbach Barlach Voltaire Federer Herodot
Heine
Storm Casanova Tersteegen Gilm Grillparzer Georgy
Chamberlain Lessing Langbein Gryphius
Brentano Lafontaine
Strachwitz Claudius Schiller Kralik Iffland Sokrates
Katharina II. von Rußland Bellamy Schilling
Gerstäcker Raabe Gibbon Tschechow
Löns Hesse Hoffmann Gogol Wilde Gleim Vulpius
Luther Heym Hofmannsthal Morgenstern
Roth Heyse Klopstock Klee Hölty Kleist Goedicke
Luxemburg Puschkin Homer Mörike
La Roche Horaz Musil
Machiavelli Kierkegaard Kraft Kraus
Navarra Aurel Musset
Nestroy Marie de France Lamprecht Kind Kirchhoff Hugo Moltke
Nietzsche Nansen Laotse Ipsen Liebknecht
Marx Ringelnatz
von Ossietzky Lassalle Gorki Klett Leibniz
May vom Stein Lawrence Irving
Petalozzi
Platon Knigge
Sachs Pückler Poe Michelangelo Kock Kafka
Liebermann Korolenko
de Sade Praetorius Mistral Zetkin

La maison d'édition tredition, basée à Hambourg, a publié dans la série **TREDITION CLASSICS** des ouvrages anciens de plus de deux millénaires. Ils étaient pour la plupart épuisés ou uniquement disponible chez les bouquinistes.

La série est destinée à préserver la littérature et à promouvoir la culture. Elle contribue ainsi au fait que plusieurs milliers d'œuvres ne tombent plus dans l'oubli.

La figure symbolique de la série **TREDITION CLASSICS**, est Johannes Gutenberg (1400 - 1468), imprimeur et inventeur de caractères métalliques mobiles et de la presse d'impression.

Avec sa série **TREDITION CLASSICS**, tredition à comme but de mettre à disposition des milliers de classiques de la littérature mondiale dans différentes langues et de les diffuser dans le monde entier. Toutes les œuvres de cette série sont chacune disponibles en format de poche et en édition relié. Pour plus d'informations sur cette série unique de livres et sur l'éditeur tredition, visitez notre site: www.tredition.com

tredition®

tredition a été créé en 2006 par Sandra Latusseck et Soenke Schulz. Basé à Hambourg, en Allemagne, tredition offre des solutions d'édition aux auteurs ainsi qu'aux maisons d'édition, en combinant à la fois édition et distribution du contenu du livre en imprimé et numérique et ce dans le monde entier. tredition est idéalement positionnée pour permettre aux auteurs et maisons d'édition de créer des livres dans leurs propres domaines et sujets sans prendre de risques de fabrication conventionnelles.

Pour plus d'informations nous vous invitons à visiter notre site: www.tredition.com

Le viandier de Taillevent

Taillevent

Mentions légales

Cette œuvre fait partie de la série TREDITION CLASSICS.

Auteur: Taillevent
Conception de couverture: toepferschumann, Berlin (Allemagne)

Editeur: tredition GmbH, Hambourg (Allemagne)
ISBN: 978-3-8491-4289-6

www.tredition.com
www.tredition.de

L'objectif de TREDITIONS CLASSICS est de mettre à nouveau à disposition des milliers d'œuvres de classiques français, allemands et d'autres langues disponible dans un format livre. Les œuvres ont été scannés et digitalisés. Malgré tous les soins apportés, des erreurs ne peuvent pas être complètement exclues. Nos partenaires et nous même, tredition, essayons d'aboutir aux meilleurs résultats. Toutefois, si des fautes subsistent, nous vous prions de nous en excuser. L'orthographe de l'œuvre originale a été reprise sans modification. Il se peut que ce dernier diffère de l'orthographe utilisée aujourd'hui.

(Page 1) (Sign. a ii)

Potaiges lyans

¶ Chaudun de porccretonnee de poix nouueauxcreto*n*nee de feues nouuelles co*m*me de poix (Page 3) (Sign. a iii) creton*n*ee de poulaillecretonnee damandes / graues de menus oyseaulx. Blanc brouet de chappo*ns*. bousac de lieure ou de co*n*nins. houdet de chapons. ciue de lieure. ciue de connins.

Chapitre de rost.

¶ Porc rosty au vert ius. veau rosty. fraise de veau. pyions. men*us* oyseaulx. perdris. plouiers. turturelles. paon. sigoigne. faisans. butors. cormorans. hairons. malars de riuiere. porcelet farcy. polaille farciepour le dorer. faulx grenon. gelee a poisson. saulce chaude. pouletz hochez. fromantee. gelee a poisson. lamproye fresche. froide saulce a chair. ris en gouleviandes & potaiges de cresme. Et premierement de poisson cuit en eaue. ciue doistres. brochetz rostizflans & tartres.

¶ Pour malade. chandeau flama*n*t. coulis de perche. bla*n*c me*n*gier de poisson. poisson deaue doulce. lux. brochetz. dars barbillo*n*s. carpes. anguille freche. le*m*proye a la sauce chaulde. bresme. porc de mer. gornault. dodine de laict sur oyseaux de riuiere. saulce. most iehan. boulier de sa*n*glier. moto*n* rosti. cheureaulx & aigneaulx. oyes. poulailles. rougez. maquereaulx fraiz. plyes. soles. rayes. turbot. limandes. molue fresche & seiche. haran.

¶ Saulces no*n* boulies. Cameline. saulce verde. aulz camelins. aulz blanc. aulz vers aux harans fraiz. saulce boulies. poiure noir. poiure iausne. saule poiteuine. iance. saulce verde. vert ius vert.

Clareypocras.

¶ Cy finist la table & co*m*mence le traictie de ce liure

Pour faire **brouet bla*n*c** de chapo*n*s & de poulaille ou de veau il co*n*uient le boulir & pre*n*dre le bouillo*n* qua*n*t ils ont cuitz & mettez appart le bouillon & plumes des ama*n*des & les broyez & destra*m*pez du bouillon de la poulaille des chappons ou de veau et puis coulez les amandes (Page 4) par vne estamine. Et prenez pouldre de gingembre blanc par raison & le deffaictes de vert ius & de vin blanc Et mettes foison sucre au bouillir & q*ui*l soit de bon sel qua*n*t il sera bouilly mettes le bouillon en vng beau pot appart & aussi le grain soit la poulaille / le chappon / ou le veau / et au dressier mettes vostre grain en plat & vostre bouillon.

¶ Pour faire **blanc mengier** a poisson de brochet de perche ou dautre poisson auquel appartient blanc mengier et faictes escailles & frire a luille ou au beurre. & prenez ama*n*des & les deffaictes co*m*me dessus est dit. & de puree de poix mettes du vin blanc a les deffaire & du gingembre blanc / & deffaictes de vert ius & sucre tant quil en ayt assez & mettes appart ainsi co*m*me en celuy de chair.

¶ Pour faire **blanc brouet dalemaigne**. prenez veau ou polaille et reffaire / et puis despeces par pieces / et mettes souffrire a beau bouillon de beuf & de sain de lart & mettes de loignon taille menu dedans au souffrire / et prenez des ama*n*des & les broyes a tout lescorce & deffaictes en bouillon de beuf & coulez & au couler metter des foyes de poulaille et mettez auecques les ama*n*des. & quant le bouillon sera coule soit gette dedans le pot. qua*n*t le grain sera souffrit & du sucre par raison mettes dedans le pot au souffrire & les espices qui appartienne*nt* / cestassauoir canelle ginge*m*bre / menues espices. cestadire clou graine & saffran pour luy donner couler deffaite de vert ius de vin blanc ou vin vermeil / & puis dressier quant il sera heure en platz ou escouelles.

¶ Pour faire **salemme**. Soit prins brochetz carpes & autres poisson qui y appartient & les faitz escaillier & le frire et broyes amandes a tout lescorce & deffaictes de puree de poix / & puis prenez semblablement espices comme au brouet dalemaigne et les deffaictes de vert ius / et faictes (Page 5) bouillir vostre bouillon & mettes apart tant quil soit te*m*ps de dressier.

¶ Pour faire **brouet georget**. prenez veau poulaille ou connin despeces par pieces & mettes reffaire & quant sera refait mettes la souffrire en vng peu de sain de lart du boulon de beuf et mettes de loigon maince menu tout creu / et mettes souffrire auec le grain & du percil effueille parmy / & mettes haller du pain & quant il sera halle mettes le tra*m*per pour faire le bouillon / en bouillon de beuf & mettes des foyes de poulaille pour couler avec le grain les espices q*ui* sont auec / cest canelle / gingembre / clou / et graine tout batu broyez et dessaictes de vertius & du saffran deda*n*s pour donner couleur & mettes tout en vng pot et quant il sera temps le dressier en platz ou escuelles.

¶ Pour faire **graue de poisson** de brochet / de carpe / ou autre poisson / escailles et frises le poisson. et puis faictes haller du pain et le tremper en puree de poix & le coules: et y mettez de loignon frit maince assez gros & mettes bouillir tout ensemble gingembre canelle & menues espices: et les deffaictes de vin aigre et mettez vng petit de saffran pour coulourer.

¶ Pour faire **brouet de canelle a chair**. prenez veau / et poulaille et despeces par pieces et faictes reffaire / & puis souffrises & vng peu de sain de lart au frire et mettes aussi du bouillon de beuf & puis prenez des amandes broyes a toute lescorce et les deffaictes a tout le bouillon de beuf. & prenez des foyes de poulaille & les mettes couler auecq*ue*s les amandes. & puis prenez des espisses cestassauoir gra*n*t foison canelle: gingembre: clou de girofle et graine de paradis / et soyent broyees les espices & destra*m*pees de vin vermeil / et mettes sucre a foison dedans / et lassaisonnes de sel ainsi quil appartiendra pour celuy iour de poisson prenez carpe broche ou autre poisson & lescaillez & frisez & faictes (Page 6) le bouillon pareillement co*m*me celluy de chair excepte quil soit de puree de poix & mettez pareilles espices co*m*me a celluy de chair & sucre co*m*me a lautre & raisonnez co*m*me lautre & bouillez v*os*tre bouillon appart & le grain dauter.

¶ Pour faire vne **cretonnee a poix noueaux** / ou feues nouuelles ou le grai*n* apres ce *qui* y veult mettre veau ou cheureau despece par pieces & poussins. Cest le grain *qui* y app*ar*tient & puis frire a sain de lart ou autre sain doulx lequel vous aurez laiseme*n*t du quel bouillon a mettre dessus co*m*me auoir du laict le bouillir en vng pot ou en vne paelle & auoir moyeulx doeufz alliez & quant il sera lie auoir du gingembre & le reffaire / & bouter dedans & le gouter de sel ainsi quil appartient.

¶ Pour faire le **maigre potaige**. prenez poix nouueaulx ou feues nouuelles / & pareil bouillon a celuy de chair. Et pour faire lieure aux oeufz pothes faictes la pareille co*m*e celuy mesmes fors que on ny mette point a ce lieure de gingembre & laissonnes ainsi quil appartient.

¶ Pour faire **cretonnee despaigne**. prenez veau ou poulaille mis par pieces & coules le grain & frises au lart ou au sain doux du *qu*el que vous pourres finer. prenez amandes & lez coules & en faictes du laict co*m*e lect damandes. & prenez percil & mariolaine se en pouez trouuer & en faictes a foiso*n* entregettez coulez auec la verdure & quant le laict bouldra vous le lieres co*m*me vne lieure doeufz. Et mettez du gingembre & menues espices batues et deffaictes de vert ius / & de vin blanc & quant vostre potaige sera prest & lye vo*us* le mettres en vng pot & quant viendra au dressier es platz prenez des oeufz qui soient cuitz & qui soient durs & les plumeres & fendes par le millieu / & puis les frises auec sain quant le bouillon sera deda*n*s voz platz si mettez voz oeufz dessus ou des totees doree se voulles elles y seront belles

(Page 7) ¶ Pour la **cretonnee a poisson** prenes carpe brochet escaile & frises quant il sera par pieces & faites vostre bouillon pareil a celluy de chair fors q*ui*l soit fait de puree de poix et lautre est fait de bouillon de chair & tout le demoura*n*t soit fait comme celluy de chair.

¶ Pour faire **brouet vert** prenez veau poulaille despecez par piece mettez reffaire & souffrire en sain de lart & bouillon de boeuf & prenes percil a faison & le coulez auec moyaulx deufz & entregettes pain trampe ensemble pour lyer auec le boullon de boeuf & les espices ginge*m*bre batu & vng peu de menues espices assemblez de vert ius.

¶ Pour faire **brouet a poisson** prenez anguilles et les tro*n*sonnez & brocheto*n*s escailles & tronso*n*nes & boulles en eaue & puree de poix & mettes pareilleme*n*t herbes espices & vert ius co*m*me au chapitre precede*n*t est dit & moyeulx deulx & faitte boullon appert.

¶ Pour **brouet housse** prenez veau ou poulaille despeces par pieces & souffrisez en vng pot a sain de lart & bouillo*n* de boeuf & prenez du pain & mettes tremper en boullon de boeuf & des foyes de poulaille & mettez cuire en vng pot appart du percil du coq de la mariolayne de la toute bonne de moyeulx deufz cuytz & coules tout ense*m*ble & prenez du percil tout creu foiso*n* & broyes & le coules auec le boullo*n* & puis les espices au boullir cestadire canelle gingembre grayne de paradis & clou de girofle deffaictes de vert ius & mettes boullir tout ensemble.

¶ Pour faire **ciue de lieure** soit prins vne liure veau ou pourchaille en la broche ou sur le gril despecez par pieces & mettes en vng pot. Et la souffrissez en sain de lart et en boullon de boeuf en vng pot & prenez du pain & des foyes & coules & frises de loygnon en sain de lart & le gettes dedens le pot auec le grain / & gettes le boullon quant sera (Page 8) coule le pain & mettez tout ensemble vng pot & les espices qui sensuiue*n*t. Cest assauoir canelle / gingembre / graine de paradis / clou de girofle / & noix de muguette qui laura & deffaictes de vin aigre & mettes tout ensemble.

¶ Pour **graue dalouettes**. prenes alouettes & les faites souffrire & mettes veau en pot auec pour en auoir meilleur brouet / prenez du pain & le halez & le mettez tre*m*per en bouillon de beuf & tre*m*pez de foyes auec le pain pour passer & qua*n*t il sera passe vo*us* mettrez tout ense*m*ble dede*n*s le pot. & p*re*nez canelle / ginge*m*bre / & menuez espices / & deffaictes de vert ius

¶ Pour **graue descreuisses**. prenez escreuisses & les cuysez. et qua*n*t seront cuites & salees ainsi q*u*il appartient vous les plumeres & mettres les colz app*ar*t & les frisez non pas trop fort / & broyes les corps ou mortier et des amandes auec toute lescorse / & coulez les amandes tout ense*m*ble. Et mettez canelle / gingembre / & menues espices et les deffaictes de vert ius / & les mettez boullir ensemble & du sucre assez raisonnablement. Et se vous nauez assez grain / prenez brochet & le mettez en lieu descreuisses.

¶ Pour faire **chaudume**. prenez anguilles / brochet halle sur le gril / tro*n*so*n*nes et mis en vne paelle ou en vng pot et qua*n*t il sera halle p*re*nez de la puree & le mettez bouillir et prenez des foyes de brochet a couler auec & mettes ginge*m*bre dedens & du saffram pour donner couleur au chaudume & prenez du vert ius et du vin pour mettre auec le chaudume et tout faire boulir ensemble & gouter du sel.

¶ Pour faire **soupe a moustarde** pour iour de poisson p*re*nez oeufz fris a luylle ou au beurre & puis ayez puree moustarde / canelle / gingembre / menues espices co*m*me cloux & grayne & sucre raisonnablement coule tout ense*m*ble & bouillir en vng pot / & deffaict de vert ius & gouter de sel ainsi quil app*ar*tient & mettes le bouillon a part.

(Page 9) ¶ Pour la **rimolette de perdris**. prenez perdris & les mettes roustir. & quant seront rousties souffrises les en vng pot a sain de lart & bouillon de beuf & puis de loignon frit bien menu / & soit mis auecq*ue*s les autres espices & graine de paradis & du sucre par raison. & prenez du pain halle et des foyes de poulaille se en pouez finer & les mettes tramper en bouillon de beuf & coules parmy lestamine & le boutes dedans le pot auec les perdris. & mettes ce quil appartient / il conuient canelle gingembre / menues espices clou graine deffaictes de vert ius & de sel ainsi q*ui*l appartient.

¶ Pour **semee** mettez des co*n*nins haller en broche ou sur le gril & despeces p*ar* pieces & mettez souffrire en vng pot / & du sain de lart & du bouillon de beuf pour faire le bouillo*n* prenes du pain & des foyes se vous en poues finer & mettez tramper en bouillon de beuf & puis coulez le pain & les foyes / & puis mettes dedans le pot & prenez gingembre / canelle / & menues espices / & les deffaictes de vert ius / et mettez bouillir tout ense*m*ble & gouter de sel ai*n*si q*ui*l app*ar*tient

¶ Pour **gibelet doyseaulx de riuiere** / il fault haller des oyseaulx en la broche ou sur le gril faictes pareil bouillo*n* co*m*me a la semee & vert ius / & espices pareillement.

¶ Pour **boullir larde a co*n*nin ou a poullailles** despeces p*ar* pieces & les lardes chascun vng lardon ou deux / & mettez bouillir en vng pot dedens du bouillon de beuf a le faire cuire / puis prenes gingembre / canelle / & menues espices & de vert ius / & de sel co*m*me il appartient.

¶ Pour **brouet rappe** / p*re*nes veau poulaille despeces par pieces & mettes souffrire en vng pot en sain de lart & du bouillon de beuf & mettes du pain tra*m*per dedans coules & soit mis du grain / & gingembre sans autres espices assez competamme*n*t. Et qua*n*t le potaige sera prest / prenes vert ius de grain ou grouselles pour mettre dessus.

(Page 10) ¶ Pour faire **venoison aux soupes** / prenez la venoison despecee par belles pieces & honnestes & faites boullir et chascun son lardon & faictes boullir en vng pot auecq*ue*s du bouillon de boeuf qui en pourra finer ou de son boullon mesme & mettez du vin vermeil du meilleur que vo*us* pourres finer & les espices clou & graine & les broies & destrampez de vert ius & dung peu de vin aigre & mettes boullir tout ensemble & goutes de sel ainsi quil appartient.

¶ **Venoison de cheureul** pour mettre en souppez tout ainsi comme lautre predit.

¶ **Venoison de sanglier** pour mettre en souppes au potaige vo*us* le mettres aussi pour boullir mettes la en vng pot & le mettes cuire en vin / & en boullon de boeuf / & en autre bouillo*n* & prenez du pain halle et destrampe de vng peu de bouillon non guiere. Et de ces espices il y fault canelle / graine / clou / gingembre foison & broyes & mettes dedens le pot de la venoison.

¶ Pour faire vng **soruige danguilles** prenes les anguilles eschaudees nettoyeez & tronsonnees & frises loignon & du percil & quil soit tranche par roelles & le souffrises & mettez dede*ns* vostre pot & prenez du pain & le hallez & mettez tramper en puree de poix & conuie*nt* la couler & bouter en vng pot & des espices cestassauoir ginge*m*bre / canelle & menuez espices boutez au pot & du saffran pour luy do*n*ner couleur & deffaictes de vin aigre.

¶ Pour vng **fault grenon** prenez de la fesse dung porc / & la mettez cuyre / & quant sera cuite sur le vert non pas trop trenches ainsi comme gros doigz & p*re*nes des menus droitz de poulaille co*m*me foyes de iusier & les mettez cuire & quant seront cuytz tranchez les p*er*dris & les frises au bouillon q*ue* il app*ar*tient vous pre*n*dres du pain blanc & le mettes tra*m*per au boullon ou aura este cuit le porc se vo*us* ne auez du (Page 11) (Sign. b) bouillon de beuf & aures des moyeulx doeulx entregettes ce que vous meterez auec vostre pain. Et mettes du gingembre & vng pou de saffran du vin blanc & du vert ius & le mettes coulourer. Et apres le couleres par lestamine & bouillir tout ensemble et ne le laisseres pas longuement au feu & puis mectes le bouillon en vng pot & le assaisonnes du sel.

¶ Pour faire **froide sauce** prenes poussins fendus par le doz & menus droitz de poulaille cest iusiers & foyes tre*n*chez les menus droitz & poulaille quant ilz seront cuitz & appareillez trenches les au long et les dressiez en platz ou escuelles et la saulce qui apparti- ent. il fault co*m*me saulce vert / et ny a differe*n*ce si non quil y a de sauge et au dresser mettes oeufz fort cuys sur les platz par moyties.

¶ Pour faire **rouge**. p*re*nez poussins et veau & les faictes bouillir & frire qua*n*t ilz seront cuytz en sain prenez des ama*n*des plumes broyez & affines & prenez du boullon de la poulaille & mettes destramper de voz amandes. Et puis p*re*nez eaue rouse assez raisonnablement et coules auec les amandes le bouillon & mettes en vng pot et du vert ius / et vng peu de vin bla*n*c et non guieres & prenes du ris batu en pouldre et les deffaictes deaue rose pource que quant vostre potaige sera sur le feu et il bouldra le lies & y mettes sucre assez largement. Et pour donner couleur a la rouse prenes de lorcanette / et faictes chauffer en sain doulx le meilleur sain que vous porres finer et le coules pour bouter ou pot pour luy bouter sa couleur & quant le grain sera dressie par platz vous mectrez le bouillon dessus et des autres dorees deux ou troys a chascu*n* plat ou de dragee bla*n*che si en auez.

¶ Pour faire vng **viole** prenes veau & poussins entiers & les mettez cuire et les souffrises apres du bouillon de v*ost*re (Page 12) veau & de voz poussins. prenez amandes plumez et broies & les coulez & quant seront coulees mettes les deda*n*s vng pot & les faictes bouillir et mettez du sucre foyson par rayson. Et puis prenez du vin blanc & vert ius & deffaictes de la fleur de ris batu & du bouillon & le couleres & du toressot de viole pour donner couleur au potaige & boutez dedans a leure que vous les le faictes bouillir & gouster de sel ainsi quil appartie*n*t & dressez prenez & gettes le bouillon dessus & par dessus la dragee.

¶ Pour **gelee** p*re*nez gigotz ou piez de veau ce que pourres finer & les mettez bouillir en vin blanc & du grain qui y appartient. Apres quant les gigots ou piedz de veau seront comme demy cuitz. Prenez cocho*n*s par pieces et poussins par moities & bien nettoyes & laues ieunes lappereaux qui en pourra finer. puis prenes gingembre / & gaine vng peu mastix & foison saffran & vin aigre par raison. Et quant le grain sera cuit vous prendres le bouillon & mettres en vng pot sur le feu de charbon se la gelee est trop grasse. p*re*nez aubins doeufs et les mettez au bouillon qua*n*t il vouldra boullir & qua*n*t il bouldra ayez taoille toute preste pour faire couler tandis quelle coulera vo*us* mettres le grain en platz cestadire le cochon le lappereau & la poulaille. & puis quant le grain sera mis en platz vous les mettres en vne caue / et gettez le bouillon sur le grain en chascun plat.

¶ Pour faire **vinaigrette**. p*re*nez hastes menues de pourchailles en la broche ou sur le gril & les despeces par petis morceaulx et les mettes en vng pot. et prenez de loignon bien menu trenche & le mettez cuyre / & quant il sera cuyt le mettes auecques le grain & ayez de la canelle & du gingembre & des menues espices et vng petit de saffran et luy donnes couleur & deffaictes les espices de vng peu vin aigre / (Page 13) (Sign. b ii) & mettez boullir tout ensemble & gouter de sel bien apo*in*t.

Bousac.

¶ Bousac de lierre qui sera reffait pour boulir et despece par pieces & puis le mettez en vng pot & le souffrises ayes du bouillon de beuf et le souffrises dedans le pot. & prenes du pain & le halles & quant il sera halle vo*us* le mettres tra*m*per et des foyes de poulaille & couleres et mettres de la canelle du gingembre & des menuez espices cest clou et graine & mettes auec le pain & faictes les espices de vin aigre / & mettes boullir tout ensemble et de vert ius & de bon vin vermeil et faictes tout bouillir ensemble.

Oyes a la trayson

¶ Pour faire oyes a la trayson mettes les oyes haller en la broche et qua*n*t elles seront hallees mettes les souffrire en vng pot & mettes en sain de lart & en bouillon de beuf & prenez / canelle / graine / et clou de girofle / & broyes se les espices ne sont bien batues & mectes les espices dedans le pot au souffrire et du sucre assez raisonnablement. et p*re*nes vng pou de pain & des foyes de poulaille & les mettes tra*m*per en bouillon de beuf et de la moustarde assez raiso*n*nablement & coulez et mettez au pot & bouillez tout ensemble et goutez de sel ainsi quil appartiendra.

Ris

¶ Pour ris. prenes du ris et le laues. et prenez du layt de vache ou damandes plumees & le lait de vache faictes boulir qui soit cuit et mettes vng bien peu de saffran pour luy donner couleur et du sel pour gouter.

Arbeleste de poisson

¶ Pour arbeleste de poisson de tripes de brochetz & tripes de carpes cuites puis laissez refroidir. p*re*nez dune carpe ou deux ou du brochet & les app*ar*eilles & ostes les arestes le pl*us* q*ue* vo*us* pourres et que le poisson soit bien escaille & le tra*n*chez p*ar*(Page 14) gros lopins comme les trippes & les frises et les trippes du poisson cestassauoir les foyez les mulettes de brochetz & le bouillon q*ui* y appartient & prenes du pain halle tresbie*n* sans brusler & les mettes tremper en puree de poix & en vi*n* vermeil le meilleur que vous pourres finer & prenez canelle / gingembre / menues espices / & clou de girofle / foyson & coulez pain & les espices ensemble & les deffaictes de vin aigre & puis les mettes boullir / & puis quant il sera boully mettez le boullon en vng pot & mettez le grain qui est frit dedans le pot & lassaiso*n*nez de sel.

La gale*n*tine

¶ Pour **brochetz & anguilles a la galentine** / prenez brochetz & les appareiles & les tro*n*sonnes & les anguilles vo*us* eschauderes & apres tro*n*sonneres & osteres la teste de languille & les lieres tout entour quant elles seront mai*n*cees mettez les cuyre en vng pot ou en vne paelle tout en vin & mettez au cuire vng peu de vin aigre. Et qua*n*t languille sera sur le point de cuire mettez le brochet dedans auec qui sera tronso*n*ne. Et quant il sera cuyt / prenez le boullon & le mettez en pot de terre ou autre vaisseau de boys affin quil ne sente poi*n*t larain. & p*re*nez du pain & les tre*n*chez p*ar* rouelles & le halles le plus brun q*ue* vo*us* pourres sans brusler / & les mectez tra*m*per deda*n*s le boullon q*ui* aures puree de poisson & puis coulez & qua*n*t il sera coule p*re*nes espices / cestassauoir canelle / gingem*bre* / graine de p*ar*adis / clou de girofle & gari*n*ga batu & aussi toutes les autres espices & au bouillir mettez les espices dedans tout ensemble auecques le boullon & les bouillez le plus longuement que faire se pourra sans ardoir que vous puisses & mectez du sel ce quil en appartient & quant sera boullu mectes le en vaisseau de terre ou de boys pour refroidir & coules encores vne fois et mectes du sucre dedans & quant il sera coule mectes le brochet & languille par tronsons & le mectes dedans.

(Page 15) (Sign. b iii) ¶ Pour faire **laict larde**. prenes du laict & le bouylles sur le feu. & prenez des oeufz & les bates tres bien & mettes du gingembre blanc / & debates auecques voz oeufz et vng peu de saffran pour luy donner couleur. Et prenez du lart gras & le trenches bien menu et les faictes cuyre en vng pot ou en vne paelle & les pures qui ny ayt point deaue / et le gettez auecques les oeufz et auecques le lait tout ensemble / & goutez de sel quant vous aurez mis tout ensemble & qua*n*t sera bouillu vous le mettres en presse le plus que vo*us* pourres et quant il sera presse vne nuyt entiere le*n*demain vous le trencheres par lesches et quant il sera trenche vo*us* le frires en sain de lart ou en sain doulx.

¶ Pour faire vng **morterel** il conuient a ce la chair de faisant ou de perdris ou de chappons ou de fraises de cheureau & des cuisses de cheureau & de toutes ces quatre choses / & mettes bouillir & prenez de leur bouillon / & hacheres la cher le plus menu que vous pourres et mettes en vng pot & faictes bouillir auec & quant il sera sur le fait de estre cuit prenes de la mye de pain pour mettre auecques le bouillon et mesles vng bien peu de fromaige / et quil soit bon et le maincez le plus menu que vous pourres et mettres ou pot et prenez espices / ginge*m*bre blanc batu deffait de vert ius & non guieres & des oeufz entregettez & les lieres en vostre morterel quant sera cuyt & le osteres du feu.

Sabourot de poussins.

¶ Pour faire sabourot de poussins. prenez poussins ou poulaille et despeces par menus morceaulx et les souffrises en vne paelle en sain de lart & mettes vng peu doigno*n* au souffrire. & prenez des foyes de poulailles & mettez tra*m*per en bouillon de beuf & vng peu de pain pour lyer et coules (Page 16) & mettes du gingembre blanc batu & vng peu de vert ius & gouter de sel ainsi quil appartient.

Brouet de cailles.

¶ Pour brouet de cailles. prenes chappons appareillez / ou grosse poulaille & mettes bouillir en vng pot & quant le grain sera cuyt & assaisonne auec vng peu de lart que mettes au cuire & du saffran deda*n*s tires le grain & prenez moyeulx doeufz entregettes coules par lestamine ou tresbien batus & en lyes le bouillon & mettez ou vert ius au lyer & gi*n*gembre blanc batu & mettez du percil effueille & le boutes / et quant il sera prest mettrez le grain en platz / & au seruir du bouillon.

¶ Pour **cresme frite**. prenez cresme & la mettes bouillir / et puis du pain blanc esmye bien delye & le boutes dedans la cresme ou des oublyes esmyes foyson & les mettes auec cresme. & puis des moyeufz doeufz entreiectez deda*n*s auec le layt & cresme & faictes boulir tout ensemble & mettes du sucre foison auec & goutes de sel non pas trop.

Pour haricoq.

¶ Pour faire haricoq. prenez poictrines de mouton & les mettes haller sur le gril & quant seront halles despeces les par morceaulx & mettez en vng pot. & prenez des oigno*n*s plumez & les maincez bien menus & mettes dedans le pot auec le grain prenez du gingembre blanc canelle / et menues espices cestassauoir clou grai*n*e & les deffaictes de vert ius & boutes au pot & le assaisonnez de sel.

Fromage de sanglier

¶ Pour faire fromage de teste de sanglier. prenes la teste quant elle se tire en cuyt & les fendes & nectoyes et faites bouillir en vin & en vinaigre & quelle soit comme toute pourrie de cuyre / & puis le tires hors du feu et la mettes (Page 17) sur vne table ostez toute la chair des os / et mettez la peau du*n*g coste & halles la chair et mettez espices dedans la char canelle batue ginge*m*bre menues espices foyson clou & noix muguette bien batus & mettes tout ensemble & puis prenez la peau & remettes la chair dedans / & mettez vne piece de toille dedans co*m*me vng couurechief & mettes presser entre deux aiz & des pierres dessus pour bien presser / & le laisses tant quil soit froit.

Espaule de mouton.

¶ Pour farcir espaule de mouton soit lespaule roustie en broche & non point fort cuyte & la tires & ostes toutes les peaulx par dessus & haches le plus menu que faire se pourra auec du lart cuyt & vng foye de cochon & du percil largement ysope poulieux & mariolaine crue que tout soit hache auec lespaule & huyt moyeux doeufz a la farce & qui veult on y mect du ging*em*bre du sucre & du sel & dois garder los de lespaule tout garny de chair sain & entier / & puis aye vne taie de veau ou de mouton la plus maigre que vous trouueres & lesta*n*des sur vng aiz bien net & mettes la moitie de la farce sur la taie de veau ou de mouton & puis p*re*nez los de lespaule & le frappes dessus tant quil entre deda*ns* / & apres prenez le sur le plus de la farce & le faictes en facon de lespaule & puis remettes les hors de la taie sur lautre a deux ou trois brochettes de boys pour les tenir & puis mettes la sur le gril a petit feu longueme*n*t & ce fait la dores de moyeux doeufz dung coste & dautre dune plume quant ce sera fait la mettez en vng plat & en serues au dernier.

Pour moyaulx

¶ Pour faire les moyeulx de la farce. prenez du foye de poulaille ou du lart tout cuyt ense*m*ble percil ysope & mariolayne crue & auoir et faictes tout cuire ense*m*ble a boullon de (Page 18) chair et quant sera cuyt purez qui ny demeure point deaue et haches bien menu et y mettes du gingembre et des moyeulx doeufz et puis prenez vne taye de veau ou de cheureau & mettes la farce deda*n*s & la faictes de demy pie de long et de rondeur de plain poing et enuelopez la taye & mettes sur le gril & dores de moyeux doeufz & lespaule se espaule y a car cest tout vng seruice.

Poussins farcis.

¶ Pour faire poussins farcis / il conuient les eschauder sur le trible sans leur couper piedz esles ne col & qua*n*t sero*n*t eschaudes fendez les par dessus les espaules / & tires tout ce qui est dedans os & chair q*ui*l ny demeure que la peau excepte que la teste et les cuysses iusques au dernier genoil. Et puis p*re*nes chair de poussins foye de cochon ou de poulaille du lart percil largement ysope polieux et coq et faictes tout cuyre ensemble & puis pures q*ui*l ny demeure poi*n*t deaue & apres les haches le plus menu que vous pourres et y mettes vng peu de gingembre & vng peu de saffran. Et puis remettes la farce dedans la peau du poussin dune esguille par la fante et ne lemplisses pas trop quil ne creue car il le co*n*uient mettre en eaue bouilla*n*t et non pas guieres affin quil se roidisse et puis embrochez par le cul et par la teste en vne petite broche. et quant il sera roide le dorez de moyeux doeufs en tournant & gardes bien q*ui*l ne se brule & au dressies sucres les poussins.

Esturgon

¶ Pour faire esturgon. p*re*nez trenches da*n*guilles & mettez bouillir en vin blanc pur & quant il seront bien cuytz ostez les arestes de toute la chair du poisson. prenez du saffran pour luy do*n*ner couleur ginge*m*bre & menues espices mettes auec la chair. & prenez la peau du poisson & en couures toute (Page 19) la char & la mectez dedans vne estamine & le presser en vng mortier & puis le tra*n*ches par lesches & le mectes au percil & au vin aigre.

¶ Esturgon de chair.

¶ Pour faire esturgon de chair / soit prinse vne teste de veau et les piez qui soyent eschaudes et tresbien plumes et nectoyes et apres soie*n*t mis cuyre en vin & y soit mis de vin aigre & fort & ce fait soit leuee la peau de la teste & des piedz de veau & goutes de sel & puis soit pri*n*s la char de veau trenchee par lesches renueloppee en la peau de la teste de veau & puis soit presse lestugon & mis p*ar* belles lesches au percil & au vinaigre.

¶ Pour faire faisans & paons tous armes.

¶ Pour faire faisans & paons armes lardez tous prestz a metre en la broche & quant il seront a demy cuitz lardes de clou de girofle / & pour deux platz vne once de pouldre / & menues espices graine clou de girofle poiure long noix muscade / et deux onces de cynamome batue en pouldre et puis prenes vne choppine deaue rose & vne chopine de vinaigre & mectez dessoubz le rost & assembles toutes les espices ensemble & passez par lestamine & dedans la saulce / soit mis vng quarteron de sucre / & puis prenes demie liure de cynamome & faictes de loignon dune po*n*gnee & faictes confire en sucre co*m*me autres espices de cha*m*bre & qua*n*t le rost sera tire hors de la broche mectes les en platz & les lardes de la cynamome ainsi confite / & mectez du boullon dessoubz sans toucher a la co*n*fiture & est ladicte saulce bonne en tous rost.

¶ Pour faire la **fayenne** prenes vng cochon et le mectes cuire en vin tout pur co*m*me pour faire gellee & lassembles de toutes espices co*m*me pour gellee prenes des foyes de coechon et de poulaille et les faictes boullir et puis prenes (Page 20) vne liure damandes & aussi des moyeux doeufz et ausy les foyes & amandes & passez tout ensemble par lestamine & mettes pour six platz vne liure de succre et mettes vostre graine plus ne moins que se voulies du brouet de la gelee dessus et bouilly vostre bouillon mettes sur le grain & le mettes refroidir en la canelle ou ailleurs.

¶ Pour **celle** pour quatre platz prenes damandes deux liures et les broyes toutes ensemble entiers. & prenez vostre bouillon de chappon ou de poulaille & passes les ama*n*des & les escorces des escreuisses broyes les co*m*me les ama*n*des & les passes des v*ost*re brouet a lestami*ne* & au iour de poisson a puree & les assembles de vng quarteron de cynamome & de deux onces de gingembre et y mettes de vert ius vne chopine & demye liure de sucre.

¶ Pour faire vne **potee de langue** de beuf et tetine de vache soient cuyte & soit prins du bouillon ou seront cuites & soyent copees les langues & tetines par menus morceaulx co*m*me feues & frises au lart & de loignon quil soit tre*n*che menu & puis les souffrises. & prenez du gingembre en pouldre & destrempes de vert ius & vng pou de pain tranpe & mectes vng peu de saffran pour le coulourer.

Pour **fraize de poisson**. prenez les testes des brochetz & les rotisses sur le gril. Prenes les mulettes & les foyes de poisson & les haches par menus morceaulx co*m*me des et les frises au beure ou a luille. & prenez les oeufues des brochetz & les passes par lestamine & mettes sucre & gingembre parmy & en mettes au frire auec les mulettes & foyes & en dores les testes sur le gril & au seruir a table soit mis pouldre de duc dessus.

¶ Leaue benoiste.

¶ Pour faire leaue benoiste sur brochet eschaudes le / et le frises & apres le mettes en vng plat & prenez demy verre (Page 21) de eaue rose et autant de vertius / vng peu de gingembre et de la mariolayne asses raisonnablement / et du foye du brochet et faictes bouillir tout ensemble / puis passes p*ar* lestamine et y mettes co*m*me demy quarteron de sucre pour vng plat mectes les brochetz sur le charbon estuuer.

Pour poussins a lestuuee

¶ Pouletz farcis a lestuuee. p*re*nez vng pot neuf & les mettes dedans quant ilz seront farcys / et les couurez bien quil nen ysse point de fumee. Et qua*n*t ilz seront cuitz p*re*nez chopine de vinaigre / vne once de menues espices / et mectes tout dedens le pot / et vng quarteron de pouldre de duc et quant ilz seront bien cuitz les mettez en platz se voiez que il ayt trop gresse ostez la.

Irson damandes

¶ Pour faire Iron damandes pour quatre platz / broyez les amandes en vng mortier enuiron quatre liures et passes en estamine auec vng peu deaue chaulde et que lamande soit asses espes et y mettes vng quarteron sucre et bouilles tout ensemble en vne paelle / et quant il sera bouilly le mettes en vne estamine ou sur toille neufue et le laisses refroidir et le mettez en platz en facon de coingz de beurre et puis prenez des plus belles amandes / et les fendez par la moitie et chascune moytie fendez en trois parties du long et en iaunisses la moytie en saffran / et puis les plantes en belles ranges parmy le long / et puis prenez du lait quant vous vouldres seruir et qui ne touche point dedans les amandes quasi mis dedans.

Oeufz rostis en la broche

¶ Pour faire rostir des oeufz en la broche farcis. faictes de petis pertuis au bout des oeufz et mettez ce qui est dedans dehors & puis prenez saulge mariolayne poulieu mente & toutes (Page 22) autres bonnes herbes & les haches bien menu & les faictes frire en beurre & les mettes sur vng ays & haches bien menu & y mectes du gingembre du saffran & du sucre parmy & puis mettes la farce dedans les coques des oeufz / puis prenes petites brochetes bien dongees / & mectes vne douzaine doeufz en chascune broche / & mettez dessus le gril a petit de feu.

¶ Vinee de chair.

¶ Pour demye douzaine de vinee de chair prenez du veau ou du porc & mectes bouillir en vng pot auec des herbes / & du lart & des oeufz en vng autre pot appart & quant la chair si sera demie cuite hache bien menu & si y mectes demie douzaine doeufz parmy la chair & vne douzaine decrus & prenes demye douzaine de cynamome vng quart donce menues espices vng peu de saffran p*ar*my & prenes des pa*n*ces de mouton & enueloppes les la farce deda*n*s en facon de vne andoulle & mectes .iii. moyeulx doeufz lardes de clou de girofle & au seruir mettes de la pouldre de duc par dessus.

¶ Beure fraiz frit.

¶ Pour faire beure fraiz a la paelle prenes du pain bla*n*c dur & esmie la mye bien menu. & prenes de la mydon deux onces succre parmy & mectes ensemble parmy le beurre & soit destrempe la paste auec doeufz et du sucre sans y mectre point deaue & la faictes tendre co*m*me vne aueille de papier & arouses la paste de moyeux doeufz & puis enueloppes le coing dedans / & puis le mectes en frire a la paelle auec autre beuf et apres mettes en platz & serues.

¶ Coulis.

¶ Pour faire coulis. p*r*enez vng chapo*n* & soit boully tant quil soit fort cuit. & p*r*enes le blanc du chappon & lautre chair que pourres prendre du chappon & broyes au mortier & qua*n*t il sera bien broye le coules en vne estamine destrempes du bouillon du chappon / apres bouilles (Page 23) (Sign. c) en vng petit pot & sera cuyt soit goute de sel raisonnablement q*ui* nen ny ait pas trop & ny soit mis vert ius ne vinaigre ne autre chose.

Pour faire coulis

¶ Pour faire autre coulis pour malade. prenez vng poussin ou deux / & les faictes par la maniere du deuant dudit chappon & au broyer si mettes vne douzaine damandes pour estre plus substancieux.

Coulis a poisson

¶ Pour faire dautre coulis a poisson. prenez vne perche & la faire cuyre en eaue & quant sera cuyte soit plumee & les arestes ostees & apres broyee & au broyer y mettez vne douzaine dama*n*des plumees destra*m*pes de chair & gouter de sel sans y mettre autre chose se le phisicien ne co*m*mande y mettre du sucre.

¶ **Autre coulis**. prenez brochet cuit destrampes faicte par maniere de celluy de perche.

Orge monde

¶ Pour faire orge monde cestadire orge batu & espeaultre en vng mortier & apres ce qui sera nettoye soit laue et bouylly tresfort co*m*me fro*m*ment a faire la froma*n*tee & qua*n*t il sera cuyt le broier au mortier & le destremper de laict damandes & le mettes boulir en vng beau pot net & se le malade veult du sucre dedens y en soit mys & soit goute de sel & ne soit guerre salle. Et se voulez faire orge monde entier sans broyer mettes du laict damandes qui soit assez espes: & mettes lorge entier dedans.

Pour paste en pot

¶ Pour paste en pot. p*re*nez de la fesse de veau ou de beuf & haches bie*n* menu de la gresse co*m*e pour vng paste en pate & de loigno*n* bien menu maice & pour lasse*m*bler mettez menues espices / ginge*m*bre / canelle / saffran / & du vert ius.

Galimafree

¶ Pour galimafree soyent prinses poulailles ou chappons rons & tailles par pieces et apres fris a sain de lart / ou doye et quant sera frit y soit mis vin & vert ius & pour (Page 24) espices mettes en la pouldre de gingembre & pour la lier cameline & du sel par raison.

Friquassees

¶ Pour friquassees soie*n*t prinses poulailles crues despeces par pieces frises a sain de lart / & au frire y soit mis de loigno*n* bien menu hache. & ap*re*s du bouillon de beuf & pour espices pouldre de ginge*m*bre destre*m*pee de vert ius & bouylles tout ensemble.

¶ **Pastes de beuf** hachez la chair bien menue & y mettes en la facon dyuer y soit mis du fromaige du ginge*m*bre & saffran.

Pastes a la saulce chaulde

¶ Prenez de longue le noyau & soit taille par lesches tendres & gresse hachee par dessus & pour y faire la saulce soit bien brule du pain noir. & ap*re*s soit trempe en vertius & vin aigre & passes p*ar* vne estamine & les espices q*ui*l appartient soit ginge*m*bre clou de girofle poiure long graine de paradis & de la noix muscade par egalle portion excepte que le clou surmo*n*te les autres espices & soit la saulce faicte bouillir en vne paeille de fer / & qua*n*t le paste sere cuit prenez la gresse dedans le paste & ce faittes mettes y la saulce & faictes bouillir dedens la saulce au four.

¶ **Pastes de veau**. prenez veau & gresse de beuf & haches tout ensemble bien menu & les espices qui appartinne*n*t so*n*t ginge*m*bre cynamome & en la facon dyuer y soit mis fromage fin.

Pastes de chappons

¶ Pastes de chappons mettes du lart dessus & pour espices y mettes du ginge*m*bre / menues espices / & saffran.

¶ **Pastes de halebrans de chappons**. Mettes les chappons en paste & apres vo*us* descharneres toute la chair des chappons et de la gresse de beuf et haches tout ensemble & esditz pastes moelle de beuf des moyeux doeufz cuytz lardes de clou de girofle et pour espices mettes y vng peu de gingembre cynamome / saffran / et sucre desdictes espices mettes en cuire en pouldre dessusdicte et de sucre raisonnablement.

(Page 25) (Sign. c ii) Pastes de chappons.

¶ Soit mis esditz pastes du lart menu hache / & pour espices y mettez du ginge*m*bre / menues espices / & saffran.

Pastes de poules a la saulce robert. p*re*nez du vert ius & des moyeulx deufz & batez tout ensemble & de pouldre fine / & quant le paste sera cuyt mettez ensemble & fault que la poulaille soit despecee

Pastes de pyions.

¶ Mettez es pastes du lart menu hache / & pour espices du gingembre.

Pour **coulons ramiers**. p*re*nez saulce chaulde co*m*me pour beuf & apareilles espices excepte quil y co*n*uient de loignon frit a sain.

Pastes de mouton a la ciboule. soit le paste menu hache en gresse de mouton & y mettez menues espices.

Pastes de merles prenez du fromage fin & mettez dedans les oyseaulx & de la mouelle de beuf & lart menu hache & gingembre.

¶ **Pastes de passereaulx**. prenez du beuf ou du veau & de la gresse de veau hachee & de fin fromage / menues espices & saffran.

Pastes de canes sauluaiges. p*re*nez du lart / pour espices clou de girofle & gingembre.

Pastes de cheureau soit pourbouilly apres despece par morceaulx & du lart auec menu hache & pour espices canelle & saffran.

¶ **Pastes doyson**. Loyson soit despece & prenez a la saison des feues nouuelles & les pourbouillez & les mettes ou paste & de lart hache & pour espices menues espices & saffran

¶ **Pastes de perdris** mettez dessus les perdris du lart menu hache & pour espices gingembre & pouldre de clou

¶ **Pastes de connis** quant sont vieulx doiuent estre mys par pieces. & les ieunes entiers & du lart menu hache dess*us* & pour espices clou / gingembre graine & poiure.

¶ **Pastez de lieure**. Le grant lieure despece par pieces Et les leuras entiers & du lart dessus hache bien menu & y soit mis menues espices.

Pastes de cerf

¶ Soit bouilly & larde et apres mys en paste / et soit mis (Page 26) gingembre & vng peu de poiure.

Pastes de sanglier

¶ Prenez des filetz de sa*n*glier & les pourbouilles & apres les armes & y mettez menues espices.

Pastes lorais.

¶ Prenez bla*n*c de chappon hache menu ou lance de poisso*n* p*ar* raison & espices dedans / sucre / cynamome & co*n*uient q*ue* ce soie*n*t petis pastes bie*n* fais a boutes trois dois esleuez hault & quant ilz seront fais conuient frire en paelle au sain / & se cest poisson frises le tout en beurre & se poitrisse*n*t de beurre sucre / & oeufz & ce abaisses tanures co*m*me couuerte de petis pastes & se playent lectues comme testes que lon fait doubles.

Pastes de mouelle

¶ Prenez mouelle sans autre chose auec espices / & sucre mesle ensemble / & soit la mouelle pourboullie & boutee en vng peloton / & mise en vng petit paste a bouter les trois dois esleue en hault bien fait & frit en paelle au sain.

Pastes de mullet.

¶ Soit mis au ve*n*tre du mullet ver ius de grain pouldre fine & saffra*n*.

Pastes de bresme. Soit mis pouldre fine & saffran dess*us*.

Pastes de truyte.

Prenez saffran pouldre fine mise p*ar* dessus.

Pastes da*n*guilles.

Prenez saffra*n* pouldre fine & vert ius en la facon & des groselles.

Pastes de congre.

Congres de mer soie*n*t tro*n*sonnes & soient mises menues espices / gingembre & saffran.

¶ En **pastes de turbot** ny soit mis que gingembre blanc.

Pastes de rougetz mettes y pouldre fine.

Pastes de gournaul ny soit mis que gingembre blanc.

¶ **Pastes dalose** au gingembre blanc & menues espices.

¶ **Pastes de saumon** au gingembre blanc.

Lemproye en paste ny soit mis que du sel & soit faicte la saulce appart & bien noire. prenez de lespice pouldre de lemproye et soit prins vne piece de pain brusle bien noir & destre*m*pe de vert ius & vinaigre / & bien passe par lestamine / & soit boutee la pouldre dedans et apres bouillir / et mettes la saulce en (Page 27) (Sign. c iii) vng petit pot bien net & quant le paste sera cuit mettes la saulce deda*n*s puis le tenes vng peu dedans le four pour le faire boulir auec la lemproye.

Paste de vache

¶ Soit prins fromage par lopins billete & faison sucre cynamome & vng peu de menues espices de loignon frit en beurre & que les pastes soient fais haultz & esleues & dung virelet & soient bien dores & puis mis au four.

¶ **Pastes de gigotz de mouton**. prenez le gigotz & lardes bien de clou de girofle / & mettes dessus & dessoubz des lesches de lart & que la crouste soit forte & espesse affin que la substance nen ysse.

¶ **Tartres couuertes co*m*munes** soit broie le fromage & talemose fin fromage billete & mis les mistio*n*s deufz & pareillement les **tartres descouuertes**.

Tartres a deux visages fromage fin billete & force de moieux doeufz & du sucre.

Daulphins fleurs de lis estoille de cresmes fricte force sucre & moyeux doeufz.

Fais belon

¶ Soient faitz en facon dung con farcy de cresme fritte qui en aura & qui ne trouuera cresme soit pris du fromage fin & mis par beaulx loppins & du sucre.

Tartre iacopine couuerte orengee par dessus soit de bo*n* fromage fin par lesches & bonne cresme des oeufz les moyeux mistio*n*nes parmy & anguille mise par troncons & bien bouillie & assise dedans la tartre auant que le fromage et la cresme y soit & a grant quantite de sucre.

Tartre bourbonnaise

¶ Tartre bourbonnaise fin fromage broye destrampe de cresme & moyeux doeufz souffisamment & la crouste bien poitrie doeufz & soit couuerte de couuercle entier & orengee dessus.

Tartres couuertes

¶ Tartres couuertes soit destrempe la crouste doeufz et de beurre la farce destre*m*pes de deux oeufz & deaue en chascune (Page 28) tartre & non plus & beurre destrempe auec le fromage broye en vng mortier.

¶ **Talemose** fricte de fin fromage par morceaux coupez menu co*m*me feues & parmy le fromage soit destra*m*pe oeufz largement & mesle tout ensemble & la crouste destrempee doeufz & de beurre.

Tartres a deux visages

¶ Tartres a deux visages soit faicte de fromage fin par morceaulx carres comme dez & les morceaulx destrampes de moyeux doeufz largem*en*t & apres prenez croustes de paste q*ui* soit cuyte au four & qua*n*t elle y sera vng peu soit mise refroidir & mis des oublies & en soit couuerte toute la crouste & prenez le fromage destrampe de moyeaux doeufz mis sur les oublies estant sur la crouste a courre sur les oublies de lespesseur dung doy & puis mis cuyre au four co*mm*e dit est & quant sera cuite soit tiree & ainsy refroidir & apres y soit mis du sucre a gra*n*t foison & puis la crouste sur quoy est cuite / & mise sur la tartre soit renuersee dessus les oublies ou est le premier lit de fromage dessus co*mm*e de lautre couste de lespesseur dung doy & qua*n*t lon vouldra disner soit mise au four & fait cuire co*mm*e lautre couste & qua*n*t sera cuite soit prinse & portee en vng plat & ostee la crouste ou sera cuite.

Tartre iacopine

¶ Tartre iacopine bien farcie de fromage fin broye & bie*n* farcie de deux doys soie*n*t mises des a*n*guilles de plain poi*n*g par tronco*n*s que les tronco*n*s ne soie*n*t de deux doys de hault & les frire & cuire en beurre & non pas trop & soient mises dedans la tartre acoutrees dessus & a chascune tartre huyt ou dix troncons sur bout & quelle soit bien farsye que le fromaige par les tronsons de languille qua*n*t elle bouldra ainsi se doit faire.

¶ **Tartres de pommes** despeces p*ar* pieces & mises figues (Page 29) & raisins bien nettoyes & mis parmy les po*m*mes & figues & tout mesle ensemble & y soit mis de loignon frit au beurre ou a luille & de vin & le par des po*m*mes broyes & destre*m*pes de vin & soient assemblees les autres po*m*mes broyes mises auec le surplus & du saffran dedans vng peu de menues espices cynamome & gingembre blanc anys & pigurlat qui en aura & soie*n*t faicte deux grans abasses de paste & toutes les mistions mises ensemble fort broyees a la main sur le paste bien espes de po*m*mes & autres mistions & apres soit mis le couuercle dessus & bien couuerte & doree de saffran & mise au four & fait cuyre.

¶ **Pastes de poire crues** mises sur bout & e*m*plisses le creux de sucre a trois grosses poires co*m*me vng quarteron de sucre bien couuerte & doree doeufz ou de saffran & mis au four & bien cuire.

¶ **Tartre bourbonnaise** broyes fin fromage destre*m*pe de cresme & moyeux doeufz souffisamme*n*t & la crouste bien poitrie doeufz & soit couuerte le couuercle entier & orenges par dessus.

Darioles de cresme soient broyees amandes & non gueires passees & la cresme fort fricte au beurre & largement sucre dedans.

¶ Pour faire vne quarte **cameline** halles du pain deua*n*t le feu bien roux & quil ne soit point brusle & puis le mettes tramper en vin vermeil tout pur en vng pot neuf ou vng plat / & puis quant il sera trempe le passeres par lestamine auec vin vermeil. Et puis prenez vne chopine de vinaigre & vng quarteron de cynamome vne once de gingembre vng quart donce de menues espices & sallez de bo*n*ne sorte passes le pain / et espices par lestamins et mettes en vng beau pot.

Saulce madame

¶ Pour faire saulce madame soit rostie vne oye & mettes (Page 30) en vne paelle dessoubz. & prenez le foye de loye ou dautres poulailles & le mettes rostir sur le gril & puis quant il sera cuyt halles vne tostee & la trempes en vng peu de bouillo*n* & passes par lestami*ne* & mettes bouillir vne douzaine deufz & en prenez les moyeux & les haches menu & puis qua*n*t loye sera cuyte les mettes par dessus & la saulce auec / & se voules que sente le goust du laict mettes en vne goute ou deux au bouillir.

¶ Pour faire **saulce poiteuine** a chappons / ou poulaille mettes les rostir en la broche & en prenez les foyes. et p*re*nez vng peu de pain halle / & vng peu de bouillon & broyes au mortier espices & destrempez de vertius & de vin & faictes bouillir & mettes la poulaille.

Iance

¶ Pour faire iance plumes des amandes & les broyes en vng mortier. & puis les pastez auec vertius & vin blanc & puis prenez vne once gingembre pour vne pinte & passes & rapasses par lestamine & mettes bouillir en vne paelle & ne laisses guieres & inco*n*tinent mettes en vng pot car elle sentiroit larain. & ne le bouilles point en paelle de fer / car elle se noirsciroit.

Saulce daulz au laict

¶ Pour faire saulce daulz au laict. Halles vne toutee de au feu & mettes tramper auec laict. p*re*nez demy douzaine de grousses de aulz & escaichez en vne escuelle ou au mortier & passes tout par lestamine & mettes demy once ginge*m*bre p*ar*my & faictes bouillir en vne paelle & est bonne ladicte saulce a loye ou autre rost.

Aillee rousse

¶ Pour faire aillee rousse sur rost ou sur bouilly. p*re*nez des foyes de poulaille & halles vne tostee de pai*n* au feu & le mettes tra*m*per foye tout ensemble auecques vng peu de bouillon (Page 31) & apres vne once de cynamome / demye once gingembre vng quart do*n*ce menues espices & escailles demye douzaine de gousses daulz & passes p*ar* lestamine auec vin rouge & vinaigre & boutes bouillir en vne paille & puis mettes en vng beau pot.

Aillee a la moustarde

¶ Pour faire aillee a moustarde. p*re*nez demye douzai*ne* de gousses daulz ou plus largeme*nt* se vous voullez & les escailles & les passes par lestami*ne* auec la moustarde & y mettes demye once de ginge*m*bre & ny mettes autre destra*m*pe que vert ius & qua*nt* la feres bouillir mettes y du beurre deda*ns* & est ladicte saulce bonne sur merlus fritz & sur autre poisson.

Saulce rappee

¶ Pour faire saulce rappee mettes mye de pain blanc destrempe de vin blanc chault & qua*n*t le pain sera tra*m*pe passes le par lestamine auec vert ius tout pur pour vne pinte mettes y vne once de gingembre & puis esgreuez du vert ius de grain & meslez le grain en eaue qui soit bouilla*n*t & ne luy laisses guieres & pures leaue & gettes le grain dedans la saulce.

Dodine

¶ Pour faire dodine de lait sur tous oyseaulx de riuiere p*re*nez du laict & le mettes en vne paelle de fer pour receuoir la gresse des oyseaulx prenez demye once gingembre pour deux platz & passes p*ar* lestamine auec deux ou trois moyeulx doeufz & faictes bouillir tout ensemble auec le laict & y mettes du sucre si voulles qua*n*t les oyseaulx sero*n*t cuitz mettez la dodine dessus.

Dodine de vert ius

¶ Autre dodine de vertius sur oyseaulx de riuiere / chappon / ou autre volatille de rost. mettez le vertius dessoubz le rost en vne paeille de fer / & puis prenez moyeux doeufz durs & demie douzaine de foyes de poulaille & que les foyes soient vng peu rotis sur le gril et les passes par lestamine (Page 32) auec le vert ius tout pur & mettez vng peu de gingembre & du percil effueille dedans & tout bouilly ensemble mettez sur le rost & de totee de pain halleez dessoudz le rost & pareillement dedans autre dodine.

Mostiehan

¶ Pour faire mostiehan mettez chappo*n*s de houlte gresse rostir en la broche pour quatre platz mettes vne quarte de laict & mettez bouillir dessoubz les chappons & puis p*re*nez de la mariolaine vng peu de percil / ysope & de toutes autres bonnes herbes. & prenez vne once gingembre & mettre vng peu de saffran & le destre*m*pes auec le layt & haches les herbee bien menues & faictes bouillir ensemble & mettes demye liure sucre qua*n*t il vous se*m*blera que ladicte saulce sera assez espesse tires les chappons & les mettes en vng plat & des totees dessoubz & gettez la saulce dessus.

Saupiquet

¶ Pour faire saupiquet sur co*n*nins ou sur autre rost halles du pain co*m*me pour faire cameline & le mettes tra*m*per auec du bouillo*n* fondes du lart en vne paele & maincez de loignon bien menu le frisez pour quatre platz. p*re*nez deux onces de cynamome demye once de ginge*m*bre & vng quart do*n*ce menues espices. prenez du vin rouge & vinaigre passes le pain & toutes les espices ensemble & mettez bouillir en vne paelle ou en vng pot & puis mettes dessus le rost.

Chaudume

¶ Pour faire chaume. prenez brothetz / & les eschaudes / et les mettez par pieces: ou tous entiers halles sur le gril & halles du pain & le mettez tramper auec puree de poix / et puis quant le pain sera trempe. prenez du vert ius / et du vin blanc et de la puree et passes vostre pain tout ensemble / & quant il sera passe pour quattre platz / destrempes (Page 33) vne once gingembre dedans le bouillon & vng peu de saffran parmi & mettes le poisson auec le bouillon & mettez p*ar*my du beurre fraitz ou sale.

Sause a lalose

¶ Pour faire saulce a lalose mettes rostir lalose en vng plat casse ou en la broche. p*re*nes pour vne alose demye once ginge*m*bre & vne chopine vert ius & qua*n*t lalose sera demye cuyte mettes le vert ius dessus lalose. prenez vne poignee de percil & de toutes bo*n*nes herbes & mettes deda*n*s la saulce.

Autre saulce a lalose

¶ Pour autre saulce a lalose. prenez du vinaigre & du vin lung auec lautre. & prenez vne once cynamome demye once ginge*m*bre vng peu de menues espices & passez tout ense*m*ble par lestamine & faictes bouillir. & mettes sur lalose soit au four / ou rostye en la broche.

Saulce au moust

¶ Pour faire saulce au moust. prenes des raisins hors de la grappe & les eschaches en vne paelle & les mettes bouillir sur le feu demy quart deure & y mettez vng peu de vin vermeil se naues assez raisins & le laissez refroidir & apres passez parmy lestamine pour quatre platz. prenes deux onces de cynamome / deux onces de sucre & demye once gingembre & passes tout ensemble par lestamine excepte le sucre & est ladicte saulce bonne sur herondeaulx chappons / ou autre rost sur oeufz fris sur poisson & sur toutes autres frictures & en deffaulte de raisins soie*n*t prinses de moures.

Poree

Pour faire poree soyent pourbouillir en eaue bouillant / & puis la mettes sur vng ays et haches menu et purez fort entre voz mains et puys broyes au mortier & ap*re*s asse*m*bles en bouillon de beuf ou autre chair ou en deffault dudit bouillon soit fendu lart & frit p*ar*lesches & asse*m*bles le sain de lart auec eaue chaude a iour de (Page 34) poisson auec beurre & puree de poix.

Feues frasees.

Pour faire feues fraisees mettes les feues tramper au soir & en ostes les noires & les mettes bouillir en eaue de riuiere ou / de fontaine & qua*n*t sero*n*t demye cuytes pures les & les asse*m*bles de bouillon & y mettes du lart pour leur do*n*ner goust & qua*n*t ilz seront acheuez de cuyre mettes les en vne paelle refroidir & les passes par lestamine & apres les mettes bouillir en vng pot & puis coules semblables.

Poureaulx

¶ Pour faire poureaulx. prenez le blanc des pourreaulx & les maincies bien menu & les laues & mettes pourbouillir pures les & mettes de leaue froide par dessus & les espreignes entre les mains & ap*re*s les mettes sur vng ays & les haches puis les broyes au mortier & ce fait les assembles auec bouillo*n* de beuf. & en iour maigre de puree de pois & beurre & laict dama*n*des qui veult.

Souppe a loignon.

¶ Pour faire souppe a loignon plumes les oignon*n*s et les mainces bien menu ou par rouez & les souffrises en beurre asses longueme*n*t & y mettes vng peu deaue pour garder q*ui*l ne brule & asse*m*bles puree de pois ou deaue & mettes du vert ius & du percil.

Pomme de choux.

¶ Pour faire pommes de choux. ostes les *pre*mieres fueilles de dessus & despeces par quattre quartiers & les laues & mettes pourbouillir enuiron demye heure pures leaue et mettes de leaue froide par dessus & les espreignez & apres les haches & les assembles auec bouillon de beuf ou dautre chair & au iour maigre auec puree de pois / beurre & huille.

Congordes.

¶ Pour congordes peles les & decoppes par rouelles / & ostes la grayne de dedans sil en y a & les mettes pourbouillir en vne paelle / et puis les pures & mettes de leaue froide p*ar* dess*us* & les espreignes (Page 47) (Sign. d) & hachez bien menu / & puis les assembles auec bouillon de beuf ou dautre chair / & y mettez du laict de vache & destra*m*pez demye douzaine de moyeulx doeulx passez par lestamine parmy le bouillon auec le laict & au iour maigre de puree de pois ou de laict dama*n*des & du beurre.

Pour dessaler potaige sans y mettre ne oster aucune chose

¶ Prenez toille blanche mouillee deaue bien froide & mettes sur vostre pot & le tournez dung coste & dautre / & tires vostre pot en ce faisant hors du feu.

Pour oster arseure de tous potaige.

¶ Vuides premierement vostre pot en vng autre pot / puis mettes en vostre pot vng peu de leuain de pate crue enuelopee en vng blanc drappel & ne luy laisses gueires.

¶ **Boulatures de grosse chair** comme beuf / mouton porc. mettez cuire en eaue & sel & se elle est fresche mettes y percil / sauge / ysope. mengez aux aulx blanc ou reuerdis au vertius. La salee a la moustarde.

¶ **Herison de mouton**. despeces p*ar* pieces mettes tout cru souffrire en sain de lart auec de loignon menu maince / qua*n*t il sera bien cuyt sy le mettes en bouillon de beuf / vin / vertius / sauge mastic / & ysope / & vng peu de saffran. & faictes bouyllir tout ensemble.

¶ **Bouilly larde**. Prencz venoison & le lardes & mettes cuyre du mastic seulement & du saffran / puis venoison de cerf fresche pourbouillie & lardera au long par dess*us* la chair puis cuises en eaue & sel & du grain foison me*n*ge en paste pourbouillie & lardee a pouldre fine.

¶ **Cheureu sauuage** appareille & menge co*m*me cerf fraitz.

¶ **Sanglier fraitz** cuyt en eaue / et vin. a la cameline.

Chappons et veau aux herbes.

¶ Mettes cuyte en eaue et sel & du lart pour luy donner saueur auec du percil / sauge / & ysope.

Ciue de veau roussy.

¶ Ciue de veau roussy tout cuyt a la broche & sur le gril sans le laisser cuyre frisez en sain de lart auecques oignons & pui p*re*nez pain roussi (Page 48) destrampe en vin. Et de puree de pois & faictes bouillir vostre grain affines ginge*m*bre graine canelle girofle & saffran pour do*n*ner couleur mettes du vertius & du vinaigre & fort despices.

Potaiges lians.

¶ **Chauldin de porc** soit cuyt en eaue & sel. puis couppe par morceaulx souffrit en sain de lart. & prenez gingembre: poiure long: saffran: pain halle trempe en bouillon de beuf & en laict de vache / car son bouillon sent le fiens passes parmy lestamine. prenes vertius vinaigre & cuyt vng peu en eaue mettes en vostre potaige sur le point de seruir files les moyeux doeufz dedans & faictes bouillir tout ensemble.

¶ **Cretonnee de poys noueaulx** cuises iusques au purer puis les pures & frises en sain de lart. & p*re*nes du laict de vache & bouylles en vne paelle puis mettes tre*m*per du pain blanc dedans le laict puis prenez gingembre & saffran deffaictes vostre laict mettes bouillir. & prenez poussins cuitz en eaue despeces p*ar* quartiers frises en sain de lart mettes bouillir tires arriere mettes grant foison doeufz.

Cretonnee de poys de feues nouuelles comme poys.

Cretonnee de poulaille cuises en vin en eaue despeces par quariers frises en sain de lart. prenez vng peu de pain tre*m*pe en bouillon de beuf coules faictes bouillir auec vostre via*n*de affines gingembre & co*m*mun deffaictes de vin & vertius. prenez moyeux doeufz grant foison filetz en vostre pot tires arriere du feu & gardes quil ne tourne.

Cretonnee damandes

¶ Cretonnee dama*n*des cuyses bien poulaille en eaue despece par quartiers frises en sain de lart. prenez amandes deffaictes de bouillon & mettes bouillir sur vostre grain affines gingembre & commun deffaictes de vin & de vertius & tousiours le lye delle mesmes sans y mette fors vng peu de pain blanc.

(Page 35) (Sign. d ii) ¶ **Graue de petis oyseaulx**. Graue de menus ou le grain que vous vouldres frises en sain de lart. prenez pain bla*n*c deffaictes de bouillon de beuf & coules mettes bouillir en vostre via*n*de affinis gingembre / canelle deffaictes de vertius mettes bouillir ensemble & ne soit pas trop lyant.

Blanc brouet de chappons

¶ Blanc brouet de chappo*n*s cuyses en eaue & vin & despeces par me*m*bres frises en sain de lart broyes ama*n*des & des broyons deffaictes v*os*t*re bouillon & mettes bouillir sur v*os*t*re viande. bates gingem*b*re canelle clou graine de paradis garingal & poyure long mettes bouillir ensemble & y mettes moieux doeufz bien batus & soit bien lyant.

Bousacq de lieure

¶ Bousacq de lieure de connins halles en broches. sur le gril puis decoppes par pieces & mettes souffrire en sain de lart. prenez pain brun deffaictes de bouillon de beuf & de vi*n* coules faictes de vertius soit bien noir & no*n* pas lyant.

Houdet de chappons

¶ Houdet de chappons cuises en vin & en eaue despeces p*ar* membre frises en sain de lart. prenez vng peu de pain brule deffaictes de vostre bouillon faictes bouillir auec v*ost*re grain affines gingembre / canelle / girofle / graine de paradis & saffran pour donner couleur.

Ciue

¶ Ciue soit hale en broche tout cru ou sur le gril sans laisser trop cuyre puis despeces par pieces & mettes souffrir en sain de lart auec oignons menus mainces puis p*re*nez pain halle sur le gril deffaictes de vin & de bouillon de beuf & de puree de poys faictes bouillir auec vostre grain puis affines ginge*m*bre / canelle / girofle / graine de paradis & saffra*n* pour donner couleur deffaictes de vertius & de vinaigre & fort despices.

Ciue de lieure doit estre noir & soit fait pareilleme*n*t mais ne fault point lauer la chair.

Ciue (Page 36) de co*n*nins doit estre aigre fort & fait co*m*me celluy de lieure.

Chapitre

¶ **Porc rosty** au vertius aucuns y mettent oigno*n*s en paste au vertius de grain & pouldre fine.

Veau rosty.

¶ Veau rosty soit pourbouilly & larde me*n*ges a la cameline en paste a pouldre fine & saffran.

Fraise de veau

¶ Fraise de veau que len dit charpie decouppez bien menu vostre veau & quil soit cuyt frises en sain de lart. broyes gi*n*gembre saffran & oeufz bien broyez & fillez les oeufz dessus en frisant.

Mouton rosty au sel menu a la canelle ou au vertius.

¶ **Cheureaux & aigneaulx** boutes en eaue bouillant & les tires tantost mettez en la broche menges a la cameline.

Oyes.

Oyes plumees a sec refaites en eaue chaulde rotissez sans larder. menges aulx aulz blancz ou a la iance.

Poulles rosties lardes. menges a la cameline ou au vertius / en paste a fine pouldre et froide saulce.

Bouler de sanglier fraitz / mettes en eaue chaulde qui bouille. puis la mettes rostir & baciner de saulce. cest assauoir de ginge*m*bre / canelle / girofle graine de paradis / pain halle destrampe de vin / vertius / vinaigre Et puis quant il sera cuyt sy bouilles tout ensemble & soit vostre grain decouppe par morceaulx & bouilles tellement q*ui* soit clairet & noir.

Venoison fresche.

Toute venoison fresche qui nest point bacinee se menge a la cameline.

¶ Pyions.

Pyions rosti a tous les testes sans les piez mengez au sel menu.

Menus oyseaulx.

Menus oyseaulx plumez a sec refaictes en eaue: lardes: rostisses / menges au sel. & en paste pareillement.

Turterelles co*mm*e vne oye qui veult. soit doree ou vert & cuytz piedz entiers & soit fendue la teste iusques en my les espaules / & les tuez par le cueur & menges au poyure iaunet.

Paon aussi comme **cignez** menges au sel menu.

Sigoigne plumes (Page 37) (Sign. d iii) a secq les piedz & la teste arrouses & flambes de lart & menges au sel menu.

Faisans

¶ Faisans plumes a sec coppes les testes & les queues. Et quant il sera rosty ataches la teste & la queue au corps a vne petite cheuille de bois & *que* le col soit bien droit & ne doit point estre cuyte la teste.

Butor / cormorant ainsy co*m*me la sigoigne & le hairon.

¶ **Haron** soit signe & fendu iusques aux espaules & soit pareillement co*m*me la sygoigne soit dore qui veult / menges au sel menu.

Canars de riuiere plumes a secq mettes en broche / & retenes la gresse pour faire la dodine qui doit estre faicte de lart ou de vertius & des oygno*n*s / aucu*n*s veullent par quartiers quant il est cuyt auec la dodine & faicte les tostees de pain puis gettes dodine dessus vostre grain & tostees.

¶ **Pourcelet farcy** soit eschaude & mis en broche & soit la farce faicte de lyssue du pourcelet & des rouelles de porcelet & des rouelles de port cuyt de moyeux doeufz fromaige de gun chastaignes cuytes pellees & fine pouldre despices tout ensemble & puis mettes ou ventre du pourcelet & restouppes le trou & passines en vinaigre & sain bouillant me*n*ges a poyure iaunet.

¶ **Poulaille farcie** coppes leurs gauions plumes tres bie*n* & gardes la peau sayne ne les refaittes pas en eaue bouyllant mettes vng tuel entre cuir & chair & lenfles par entre les espaules ny faictes pas trop grant trou laissez tenir les asles les piedz auec le corps & la teste & soit la farce faicte de la poulaille & le remenant co*m*me au pourceau.

Pour le dorer

¶ Item pour la dourer. prenez moyeux doeufz broyes saffran coules sur vostre poulaille au long doeufz ou foyes / & gardes quelle narde en rostissant.

¶ **Faux grenon** cuyses en vin et eaue les foyes et iusiers (Page 38) de poulailles ou chair de veau hache bien menu / frises en sain de lart bruyes gingembre / canelle / clou / graine de paradis / vin / vertius ou dicellui mesmes & de moyeux deufz grant foyson coules dessus vostre via*n*de & puis la bouilles ensemble & aucuns y mettent vng peu de pain & saffran et doit estre bien lyant sur iaune couleur aigre de vertius / & dessus pouldres de pouldre de canelle.

Pour gelee a poisson.

¶ Pour gelee a poisson. prenez tanches & anguilles pour faire la liure de celle & broches & mettes cuyre en vin blanc les espices qui y appartient / cest ging*e*m*b*re / graine de paradis & vng peu de sinapis & pour do*n*ner couleur la gellee du saffran tant quil en y ait asses & pures vostre bouillon qua*n*t le grain sera cuyt & le mettes coules p*ar* rouelle & puis qua*n*t elle sera coulee vous asserres les platz pour le grain & les mettes toutes en eaue ou autre lieu frais & le bouillo*n* dess*us*.

Saulce chaulde

¶ Pour faire saulce chaulde pourbouilles de senglier ou pour nombles de sanglier ou nombles de beuf metttes les rostir en la broche & mettes la lesche frite ou vne paelle dessoubz & les arrouses de bouillon de beuf & despeces le grain par pieces quant il sera cuit & le mettes en vng pot & puis prenez du pain & le halles & mettes de la cameline ging*em*bre / graine de paradis / & clou de girofle sy largement qui passe les autres espices & coules tout ensemble auec le pai*n* & faictes le bouillon cler *qui*l ne soit pas trop fort & le bouilles en vne paelle ou en vng pot & qua*n*t il sera bouilly gouttes de sel & mettes auec le grain.

¶ **Poulles hocheez** au gingembre prenez les entieres ou coppes par quartiers ainsi que vous vouldres refaictes les puis quant seront refaictes boutes les en vng pot / et les soufrises & puis prenez du pain blanc et mettes tramper (Page 39) (Sign. d iiii) & des foyes de poulaille assez raisonnablement et mettes couler & quant sera coule il le sault mettre dedans le pot & prenez du gingembre & le deffaicte de vertius & le boutes dedens le pot.

Fromantee

¶ Pour faire fromantee. prenez froment espeautre & esleu tresbien & sil nest espeautre quon lespeautre & laues tresbien auant que mettre cuire & puis le faictes cuire en vng pot longueme*nt* & le laisses rassoir & prenes du lart raiso*nn*ablement pour vostre forme*nt* tant que vous en aiez assez & le mettez auec le forment & le mettes bouillir en vng pot & gardes en remuant quil narde. Et apres prenez des oeufz & les entreiettes selon que le pot sera gra*nt* & coules les moyeulx doeufz & quant il seront coules mettes le pot forme*nt* & le laict hors du feu. & prenez du lart & le boutez auec les oeufz & iectes lesdis oeufz deda*ns* le forme*nt* & le laict tout ensemble & le demenes fort & gardes que le laict ne soit trop chault car vous arderies les oeufz par quoy la fromantee seroit blesse & ne seroit pas belle. et mettes du sel & foison sucre.

¶ **Gelee de poisson** qui porte lymon de chair mettes cuire vostre grain en vin vertius vinaigre aucuns y mette*nt* vng peu de pain puis prenez du gingembre canelle girofle graine de paradis poyure garingal mastic noix muscade saffran pour do*nn*er couleur mettes & lies en vng bla*nc* drapel mettez bouillir auec vostre grain & lescumes tousiours & aussi tost quil sera temps de le dressier qua*nt* il sera cuyt sy p*re*nez vostre bouillon en vng vesseau de boys tant quil soit rassis mettes vostre grain dessus vne bla*n*che nappe. Et se cest poisson sy le peles & iectes les pelures en vostre bouillon tant q*ui*l coule la derreniere fois & gardes que le bouillo*n* soit cler & net & ne fauldra pas atte*n*dre q*ui*l soit froit car il ne pourroit couler puis mettes vostre grain p*ar* escuelles & rebouilles (Page 40) vostres bouillon & escumes tousiours et dressies ainsy sur vostre grain parmy lestami*ne* en deux ou en trois doubles pouldre sur vos escuelles pouldre de fleur de canelle & mastic mettez voz escuelles en lieu froit / & ce cest poisson mettes y lesche frite & clou destrempe qui fait gellee il ne fault dormir.

Cent platz de gellee.

Pour faire cent platz de gelee. prenez xxv. poussins / six lapereaulx / quatre cochons / trente gigotz de veau quatre pinte de vinaigre blanc / six sextiers de vin blanc / six aulnes de toille / trois quarterons ging*em*bre / graine de paradis / trois quartero*ns* de mesche / six onces saffran / v. culiers de boys deux grans oyselles de terre / vingt potz de terre / six iacez & a boire aux co*m*paignons.

Lemproye

¶ Lemproye frite a la saulce chaulde soyt seignee par la gueulle / & ostes la langue faictes bien seigner boutes en broche & gardes le sang car cest la gresse & la fault eschaulder co*m*me vne anguille en broche. puis affines ginge*m*bre canelle graine de paradis: noix muscade: & vng peu de pain halle trempe en vinaigre & le sang deffaictes tout ensemble faictez bouillir vne once puis mettes dedа*n*s vostre le*m*proye toute entiere & ne soit pas trop noire la saulce.

Froyde saulce

¶ Vne froide saulce. prenes vostre poulaille & la mettes cuyre en eaue puis la mettes sur vne blanche nappe & laisser froidir affines gingembre: canelle: girofle: graine de paradis. puis broyes percil pain pour estre vert gay coules Aucuns y mettent des moyeux doeufz deffaictes de vin aigre gettes sur vostre poulaille par me*m*bres & ceulx de pourreaulx soit faicte froide saulce sans oeufz.

Ris en goule

¶ Ris en goule a iour de chair. eslises laues en eaue chaulde puis mettes essuyer vostre ris contre le feu. prenez laict (Page 41) de vache & froment mettes vostre ris dedans & faictes buyllir tout ensemble a petit feu gettes dedans du gras du bouillon de beuf & en caresme soit fait au laict damandes & sucre sur les escuelles.

Viandes a potaiges de caresme.

¶ Co*m*mencement de **poisson cuyt en eaue** au soir en huylle affines amandes de vostre bouillon. & prenez gingembre deffaictes de vostre laict & dressies sur vostre grain qua*n*t il sera bouilly & pour malades il fault du sucre.

¶ **Saulce verde**. Prenez du pain blanc & le mettes bouillir en vinaigre & puis le mettes refroidir la plus souueraine verdeur est de frome*n*t lautre ou deffault de frome*n*t doysille ou de ressise & en la saulce de la chair se fait pareilleme*n*t mais que tant que lon y mect vng petit de saulge & le passes en lestamine & si elle est trop aigre si y mettes du vin blanc tiede mettes ginge*m*bre & poiure & non autres espices.

Cyue doistres

¶ Cyue doistres eschauldes & laues tresbien pourbouilles & frises en huille auec oignons affines gingembre canelle graine de paradis & saffran. prenez pain halle tra*m*pe en puree de poys ou en eaue bouillie auec vin & vertius & mettes bouillir ensemble auec les oistres.

Brothetz rostis a chaudume affine ginge*m*bre canelle graine saffran pain halle tra*m*pe en puree de poys vin vertius faictes bouillir gettes sur vostre grain.

Flans & tartres

¶ Pour faire flans & tartres en quaresme qui auront saueur de fro*m*mage. prenez ianches lux & carpes & en especial les oeufues & laictances broyes deffaictes en vin blanc de laict dama*n*des & vng peu de vertius & faicte cuyre au feu.

Chaudeau flameng

¶ Chaudeau flameng mettes vng peu deaue bouillir p*re*nes moyeulx doeufz destre*m*pes du vin blanc boulles ense*m*ble (Page 42) aucuns y mettent vng peu de vertius.

¶ **Coulis de perche** cuises en eaue gardes le bouillon broyes amandes a la perche deffaictes du bouillon en vng peu de vin faictes bouillir tout ensemble & soit claret.

Blanc mengier

¶ Blanc mengier dung chappon pour vng malade cuises en eaue broyes ama*n*des & du bouillon coules faites bouillir & soit liant mettez po*m*mes de grenades au dessus du grain.

Poissons deaue doulce

¶ Lux brochetz darts barbillons carpes anguilles alose fresche tout cuit en eaue & en sel menges a saulce verde alose salee menges aux aulz.

Lemproye

¶ Lemproye a la saulce co*m*me lemproye en pate & a pouldre fine.

Bresme soit eschaudee co*m*me anguille menges saulce verde.

Porc de mer

¶ Porc de mer soit fendu par le dos & soit mis en lesches en eaue. prenez vin & leaue de poisson affines gingembre / canelle graine de paradis poiure & vng peu de saffrain faites bouillir & ne soit pas trop iaune.

Gournaulx & rougez

Gournaulx & rougetz cuitz en eaue ou rostis sur le gril & fe*n*dus par le dos menges a la cameline.

Macquereaulx fraitz rostis sur le gril me*n*ges a beurre noir & a moustarde.

Saulmon

¶ Saulmon fraitz cuyt en eaue menges a la cameline la saulce au vinaigre & a la cibole *qui* veult.

Posson de mer.

Flays sole turbot limande cuitz en eaue au vin & au vert ius.

Molue cuyte en eaue menges a la iance la saulce a la moustarde & au beurre.

Seiches & hanons frises aux oigno*n*s & mettes fine pouldre & hanons a saulce verde

Saulces non bouillies.

Cameline saulce verde & aulx camelins aulz bla*n*s aulz vers harans frais.

Froide sauce.

(Page 43) ¶ Vne froide saulce a garder poisson de mer broyes pain percil salemo*n*de deffaictes de vinaigre broyes de ginge*m*bre canelle poiure garingal graine de paradis noix muscade & vng peu de saffran deffaictes de vertius vinaigre & coules & gettes sur vostre poisson / aucuns y mettent de la salemonde a tout la racine.

Saulce boullye.

¶ **Poiure noir** broies gingem*m*bre pain halle deffaictes de vi*n*aigre & vertius & faictes bouillir. aucuns y mette*n*t graine & garingal.

Poiure iaunet broyes gingem*m*bre poiure saffran pain halle defaicte de vinaigre & vertius faictes bouillir. aucuns y mette*n*t graine & garingal.

¶ **Saulce poiteuine** broyes graine & des foyes deffaictes de vin & vertius faictes bouillir de la gresse de rost dedans puis verses sur vostre cost par esculees.

Iance broyes amandes puis affines gingem*m*bre de mesche & pain blanc deffaictes de vertius & de vin qui veult soit faicte au laict de vache & faictes bouillir quant vous vouldres.

¶ Vertius vert.

Prenes osylle auec tout grain deffaicte dautre vertius passes & mettes vne crouste de pain dedans affin quil ne tourne.

Espices appartena*n*tes a ce present viandier.

¶ Gingembre canelle girofle graine de paradis poiure mastic garingal noix muscade saffran canelle sucre agnis & pouldre fine.

Du chapellet fait au boys sur la mer le siziesme iour de iuing. Mil quatre cens cinquante & cinq p*ar* Monseigneur du Mayne / & Madamoyselle de chasteau brun.

Le Premier.

¶ Blanches & plumes couuertes de violettes & de boucquetz entremestz dautres pastes assis sur lesditz gra*n*s pastes & vne masse verdoia*n*t entre deux lesq*ue*lz estoie*n*t arge*n*tez (Page 44) les croustes & dores les dessus & sur chascun diceulx vne to*n*nelle cernellee argentee & le dessus dasur / & vne banuolle aux armes de monseigneur du maync & aucuns aux autres armes de madamoyselle de ville quiert & de ma dicte damoyselle de chasteau brun & dedans yceulx poches cormeaulx buhoreaux & autres oyseaulx vifz portans laq*ui*ns aux dictes armes les boucquetz & les piedz desditz oyseaulx dores & estoient les pastes contenant chascun vng cheureau entier / vng oyson / trois chappons / six poulaille / six pyions / vng lapereau / vng gigot de veau hache menu auec deux liures de gresse se met par lesditz pastes a vng quarteron de moyeux doeufz durs lardes de clou de girofle bien salez saffrenes tenu au four cinq grosses heures.

Ont au plat vng poulet farcy / demye longe de veau semblant souffre le tout couuert dudit brouet dalemaigne & par dessus rostiez dorees / grenades / & dragee pareillement.

Ou au plat ciue de cerf & vng quartier de lieure sale dune nuyt & des cloux ou millieu du plat.

Le second

¶ Ont au plat vne longe de veau / vng cheureau entier vng cochon / deux oysons / vng cheurolat / ou vne longe de veau / vne douzaine de poulais / vne douzaine de pyi*o*ns six lapereaux / deux hairons / deux poches / deux cosmeaux vng leurart.

Herissons dont au plat vng chapon gras farsy & gerissonne le saultereau a ce propice mis dessoubz lesditz chapons.

Dont au plat quatre poules & pouldre de duc par dessus & estoient dorees de oeufz & dautres mistio*ns* a ce p*ro*pices. Vng saulteret co*n*uenable ausditz paons.

¶ Estougon au percil & au vinaigre cuyt puis gingembre par dessus fueilles de peuilles de vignee entre la peau & iceulx reuest*us* & mys couches en vng plat en leur gitte faites desmeille sa*n*glier fait de cresme frict darioles & estoilles (Page 45) renuersees.

Gellee doulce & aigre mipartie en vng plat blanche & vermeille armes aux armes dessusdictes.

Cresme frite. prenez pouldre de duc par dessus blanche de fenoil confite en sucre argentee.

Laict larde

Fromages en ionchees sucre / cresme bla*n*che sucree / fraises sucrees prunes confites estuuez en eaue rose.

Le quint.

Le chappellet / le vin / les espices de chambre a grans pas de cerfz & de signes faitz de sucre & de pinoles armees desdictes armes

Claire

Pour faire vne pinte de clare il fault demye chopine de miel & sur le faire bien cuire auecques le vin & quil soit escume & vne once de pouldre fine qui soit passe qui vuelt co*m*me ypocres.

Ypocras

¶ Pour faire vne pinte dypocras. il fault trois treseaux de cynamome fine & paree. vng treseau mesche ou deux *qui* veult. demy treseau girofle & graine de sucre fin six onces & mettes en pouldre & la fault toute mettre en vng couloir auec le vin et le pot dessoubz / et le passez tant quil soit coule & tant plus est passe & mieulx vault / mais que il ne soit esuente.

¶ **Bancquet de monseigneur de foyes.** Et premier metz

poussins au succre. leureaulx ou lapereaulx a la cresme damandes. froide saulce. vin aigre. venoison a souppes.

Second metz

¶ Espaules de cheureaulx farcis. poullettes de merpanneaulx tous armes. cailles au sucre.

Tiers metz

¶ Daulphins de cresme. lesches lombardes. poyres. ore*n*ges frictes. gellee. pastes de leurastz.

Fruicterie

Cresme blanche & frises ionchee / poyres et amandes /

¶ **Bancquet de mo*n*seigneur de la marche.** Et premierement.

Vinaigrette / cretonnee de lart / brouet de canelle (Page 46) venoison a clou.

Second mestz

Paons cignes hairons lapereaulx au saupiquet perdriaux au sucre.

Tiers mestz

Chappons farcis dedans de cresmes. pastes de pyions. cheurotz.

Quart mestz.

Aigles poires a lypocras lesches dorees gellee cresson.

Quint mestz

Cresme bla*n*che amandes noix noisilles poires ionchee

¶ **Bancquet de monseigneur destampes** pour la premiere assiete

Chappons au brouet de canelle poulles aux herbes soustnauax a la venoison.

Second mestz

Rost le meilleur paons au scelereau pastes de chappo*n*s leureaulx au vinaigre rosac chappons au moustiehan.

Tiers mestz

Perdriaux a la trimolette. Pyions a lestuuee. Pastes de venoison. Gelee & lesches.

Quart mestz

Four cresme frite Pastes de poyres amandes toutes sucrees noix & poires crues.

¶ **Bancquet pour madamoyselle.** assiete de table

Porpie capes cerises au sucre ou plumes lymons.

Premier mestz

Pastes a cheminee au sucre pastes de pyions venoison aux poys poulles bouillies fresche venoison a souppes.

Second mestz

Rost pastes de chappons. Pastes de cailles Venoison appartiues ou pour apres.

Tiers mestz

Pyions au sucre & vinaigre. Tartres au sucre tremoulettes au sucre moust bancquet de mouelle.

Le quart mestz

Tartres darmes & daulphins Gellee blanche & autre cresme fritte poyres au sucre amandes nouuelles.

(Page 49) Pour le premier

¶ Iambons au sucre chappons au talle brouet rappe barder poulailles toutes sucrees.

Second seruice

¶ Signes au santire Paons Herons Venoyson poches foynes.

Tiers seruice

¶ Poulles pyions lappereaulx les lesches gelee le fourcondel de cresme lesches dorees.

¶ Cy finist le liure de cuysine nomme Tailleuant lequel traicte de plusieurs choses appartenantes a cuysine.

NOTES SUR LA VERSION ELECTRONIQUE

On a repris l'orthographe et la ponctuation de l'original à l'identique, en résolvant toutefois les abréviations (les lettres abrégées sont indiquées en italiques). On a corrigé environ 70 coquilles évidentes, principalement des cas d'interversion entre lettres de forme semblable (oenfz pour oeufz, etc.)

Les noms des recettes ont été ajoutés en caractères gras pour la commodité du lecteur, aucune distinction typographique n'étant présente dans l'original.

On a reproduit les numéros de pages ajoutés à la main sur le document original. Ces numéros semblent avoir été portés sur un exemplaire dont le dernier cahier est relié de façon incorrecte: on a déplacé les pages 47 et 48 (signature "d" recto et verso) juste avant la page 35 (signature "d ii"), selon la logique habituelle de reliure, rendant ainsi l'enchaînement du texte plus logique, et conforme à l'ordre de la table des matières.